THÉORIE DU POINT

LIEUTENANT-COLONEL P.-L. MONTEIL

THÉORIE DU POINT

GÉOMÉTRIE RATIONNELLE ÉLÉMENTAIRE

Conçue sur des Bases ENTIÈREMENT *nouvelles,*
réalisant l'harmonie de la Théorie et de la Pratique
par la Matérialisation des Constructions graphiques

« Apprendre, c'est comprendre. »
« Savoir, c'est pouvoir démontrer. »

ATLAS

POISSY
IMPRIMERIE LEJAY FILS ET LEMORO
BOULEVARD DE LA CROIX-VERTE
1907

Vente au détail: L. VITREBERT, 48, Rue des Écoles, PARIS
Seul dépositaire pour la France & les Colonies

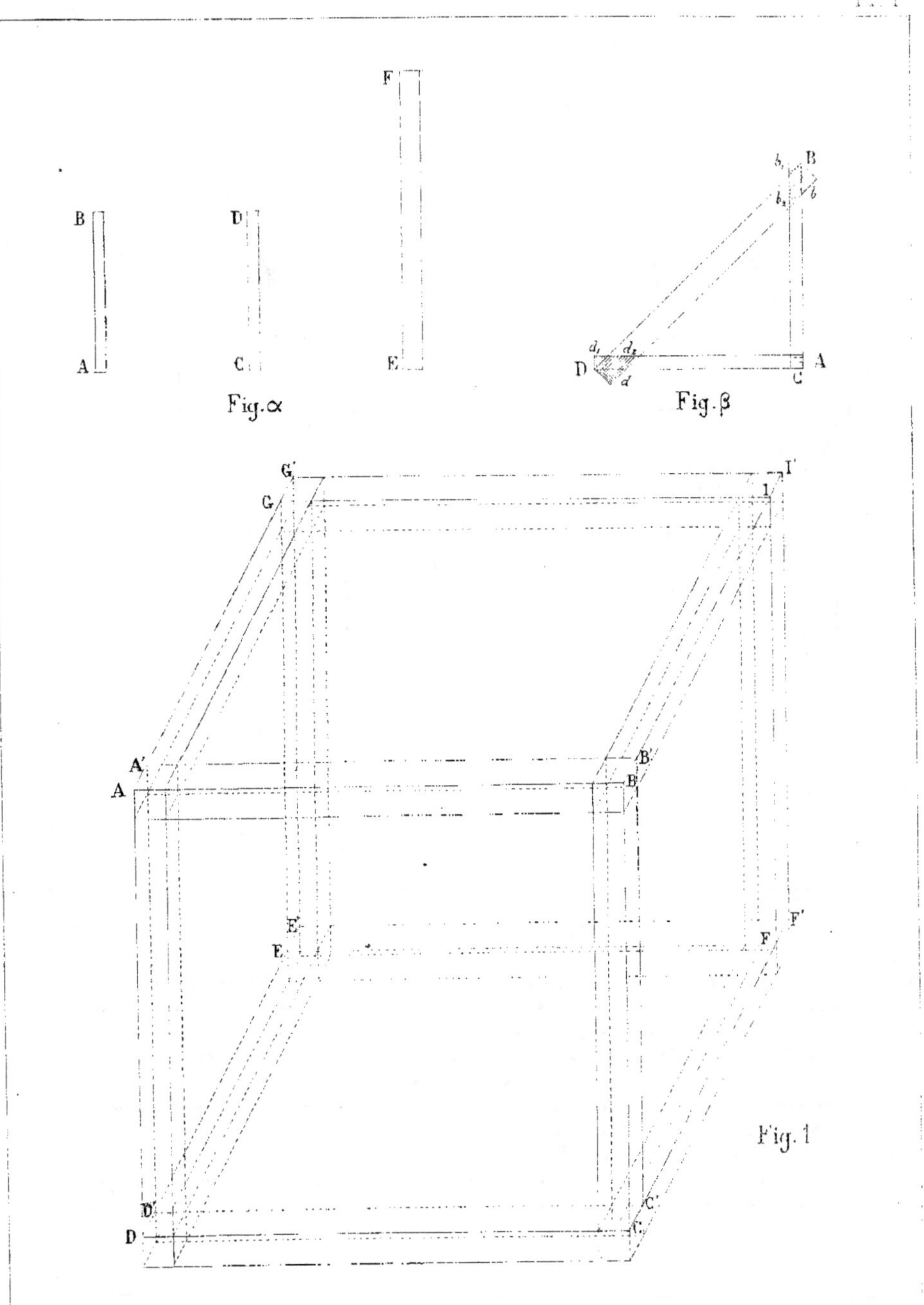
B
A
D
C
F
E
Fig. α
B
A
C
D
Fig. β
G'
G
I'
I
A'
A
B'
B
E'
E
F'
F
D'
D
C'
C
Fig. 1

Pl. 2

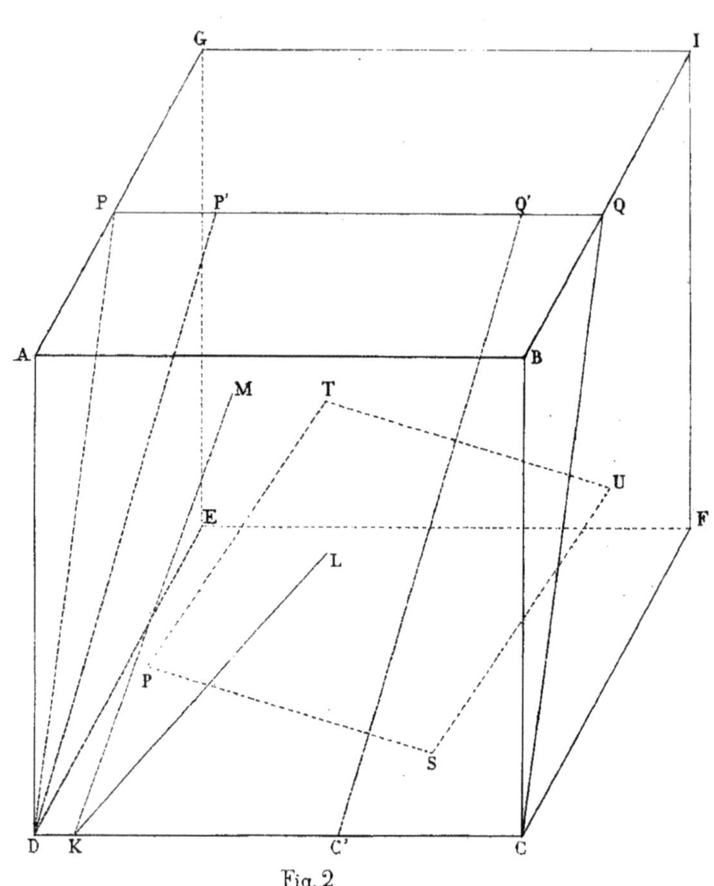

Fig. 2

Note. Pour respecter les lois de la perspective exposées au cours de la 1ère Partie d'une part, pour rendre d'autre part les figures plus compréhensibles à la vue, nous représentons les différents plans du parallélipipède rectangle avec des valeurs linéaires différentes.

Les lignes du 2e vertical GIEF, sont moins importantes que celles du 1er ABCD. Mais cependant nous conservons, à ces surfaces égales, des dimensions égales.

De même le point B, de la ligne BI, est plus important dans la surface ABCD, que le point I dans la surface GIEF. Le point B est plus rapproché de l'observateur que le point I. Aussi la ligne BI va s'amincissant du point B, vers le point I.

Cette représentation trouve sa raison d'être dans la "Théorie du point" elle-même, puisque les droites considérées sont des lignes-volumes, et non des lignes idéales.

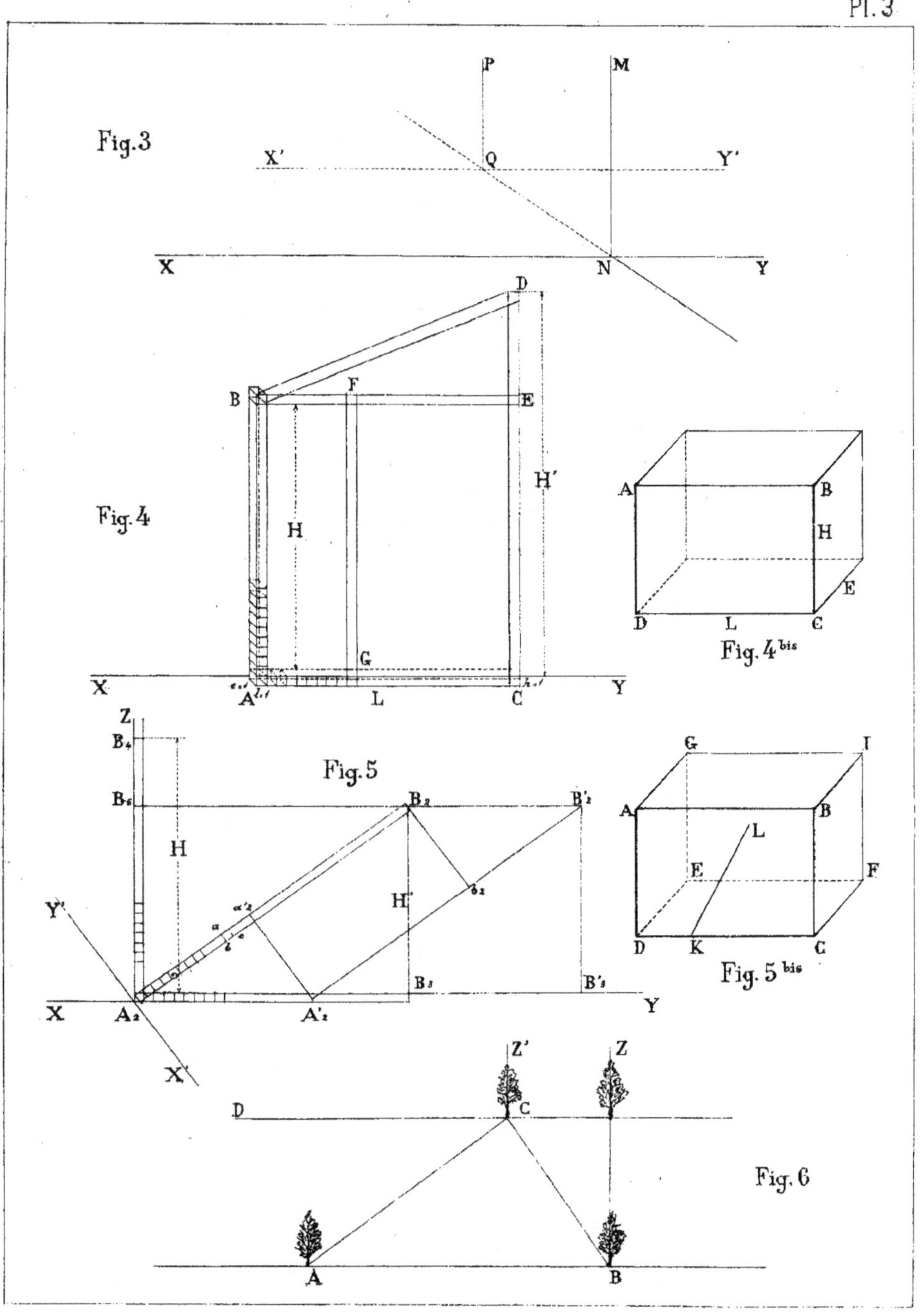
Fig. 3
P
M
X'
Q
Y'
X
N
Y
Fig. 4
D
B
F
E
H'
H
G
X
A
L
C
Y
A
B
H
E
D
L
C
Fig. 4 bis
Z
Fig. 5
H
H'
Y'
X
A'
Y
X'
G
I
A
B
L
E
F
D
K
C
Fig. 5 bis
Z'
Z
D
C
Fig. 6
A
B

Pl. 4

Fig. 7 bis
G
I
A
B
M
Z
Z'
E
F
D
K
C
Fig. 7
P
B8
S
B4
Q
B6
X'
A'4
A'6
B5
B7
Y'
X
Y
A4
A6
C
A'
B'
A
B
Fig. 8
H
C'
D'
C
L
D
A
B
Fig. 9
H
A
K
M
B
C
C1
D
Fig. 9 bis
Y
A1
D
B1

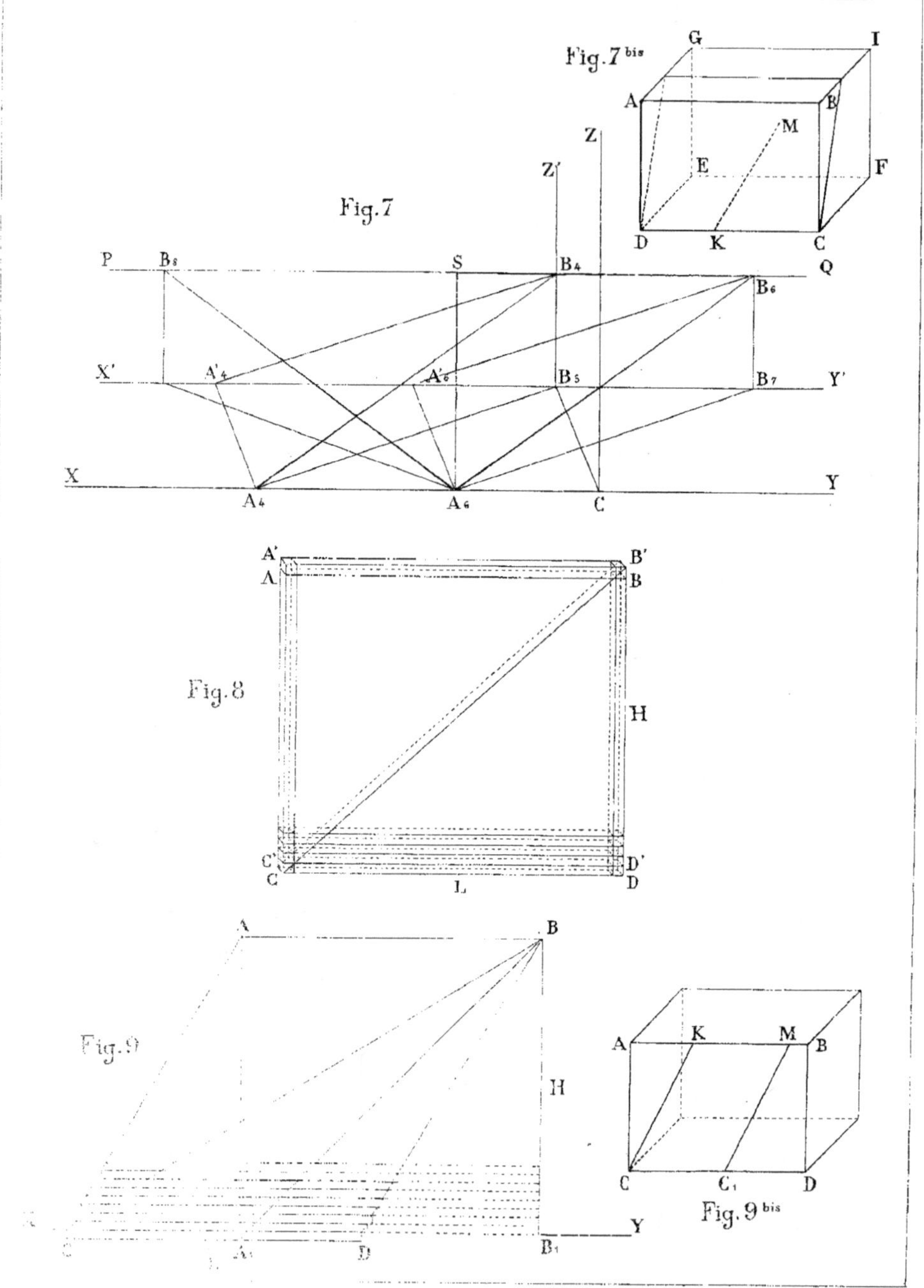

Pl. 5

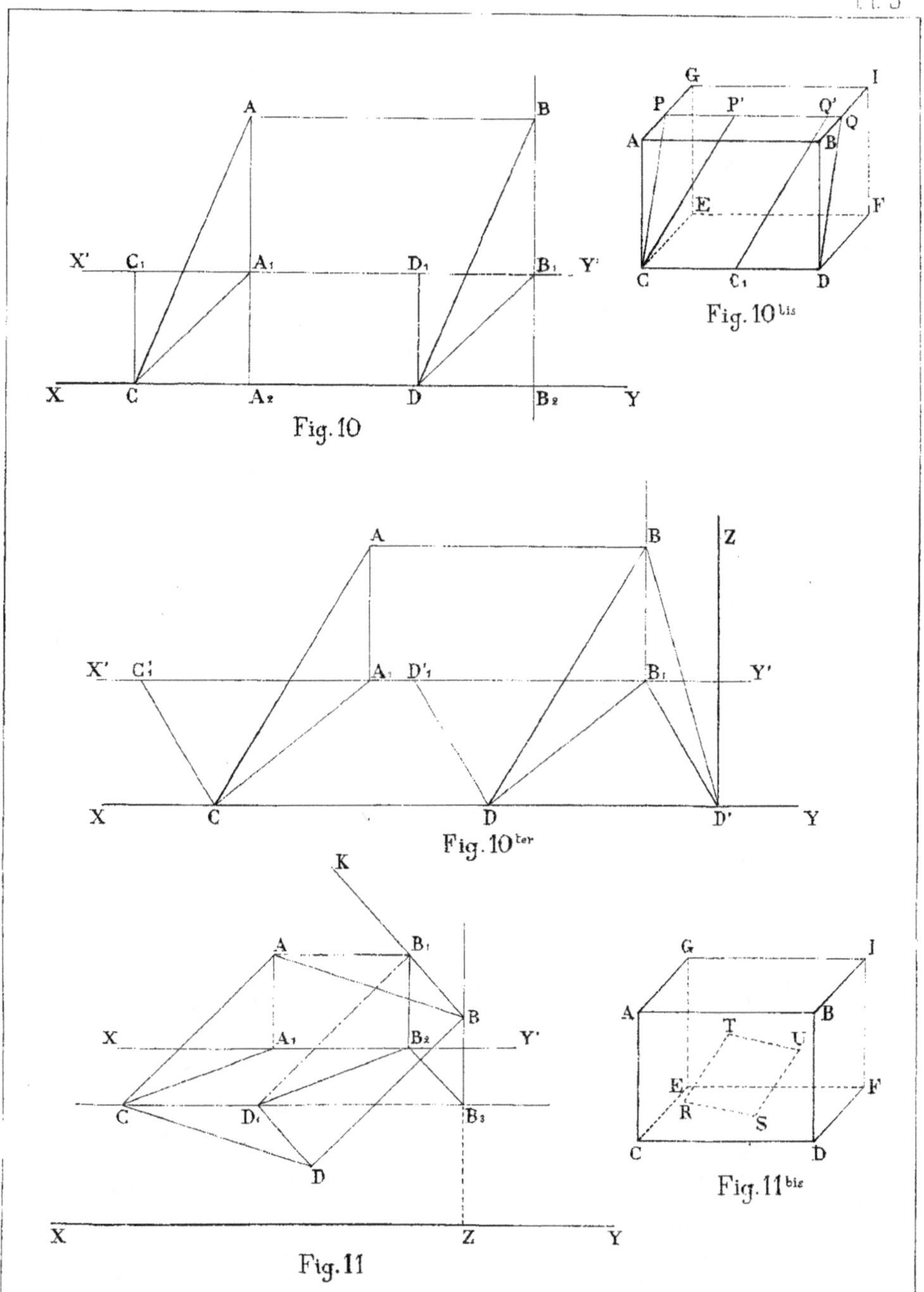

Fig. 10

Fig. 10 bis

Fig. 10 ter

Fig. 11

Fig. 11 bis

Pl.6

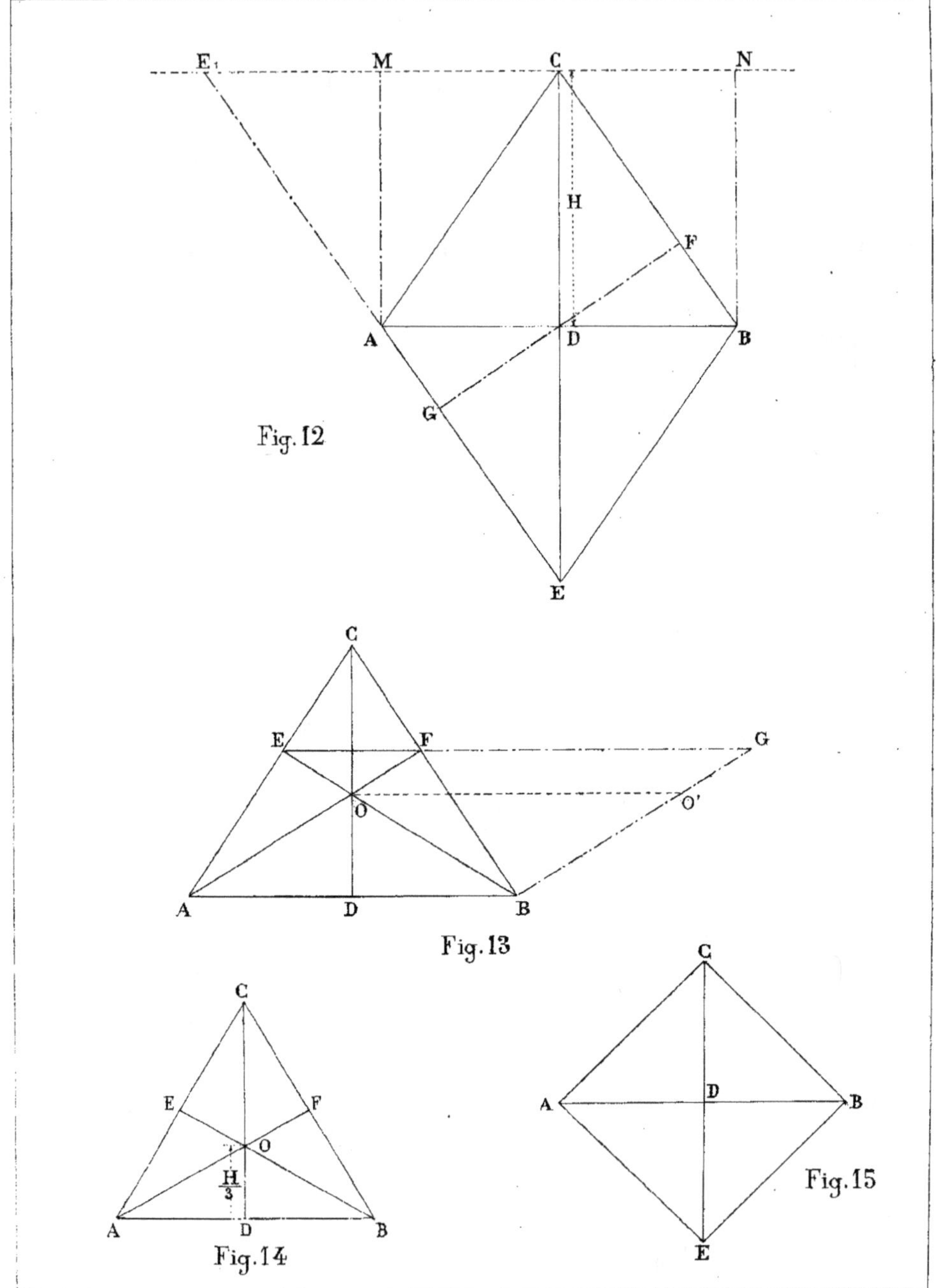

Fig. 12

Fig. 13

Fig. 14

Fig. 15

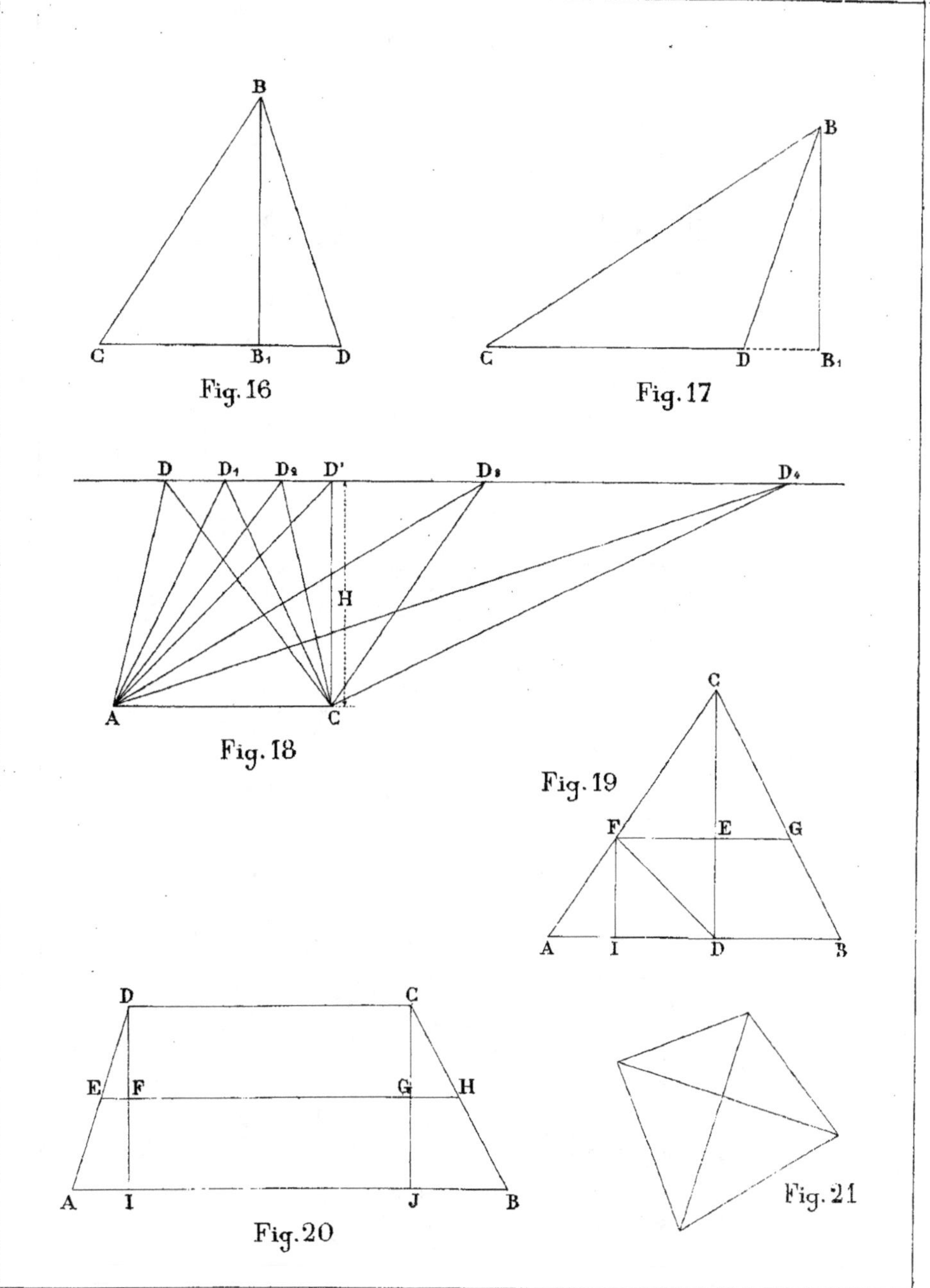
B
C
B1
D
Fig. 16
B
C
D
B1
Fig. 17
D
D1
D2
D'
D3
D4
H
A
C
Fig. 18
C
Fig. 19
F
E
G
A
I
D
B
D
C
E
F
G
H
A
I
J
B
Fig. 20
Fig. 21

Pl. 8

E
G
D
α
R
F
A₁
O
B₁
C
K
L
R
A
G₁
B
Fig. 22
G
I
A
B
M
N
J
K
E
Q
F
C
P
D
Fig. 23
E
F
B
C
G
E₁
I
F₁
A
A₁
D
D₁
Fig. 24

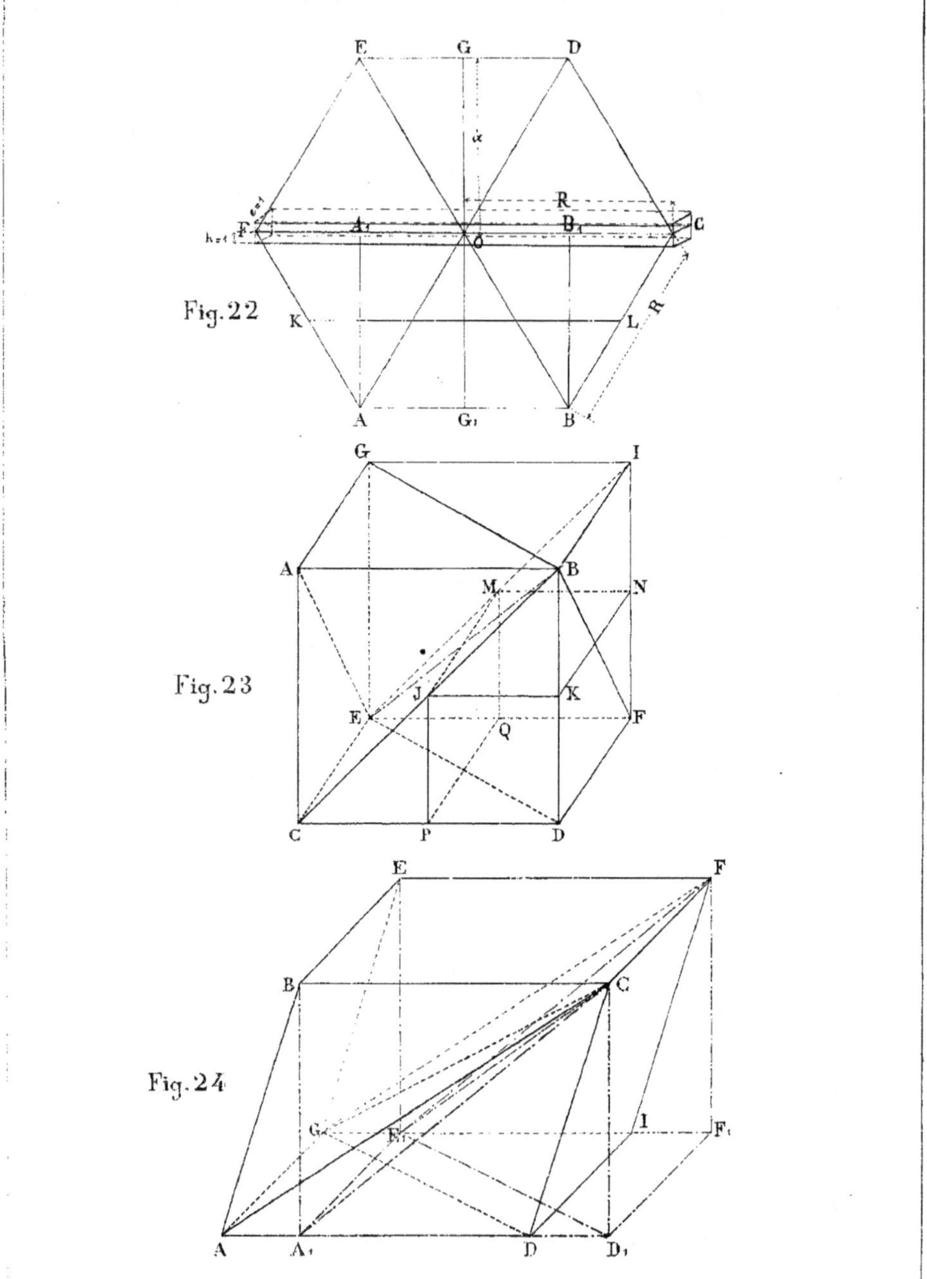

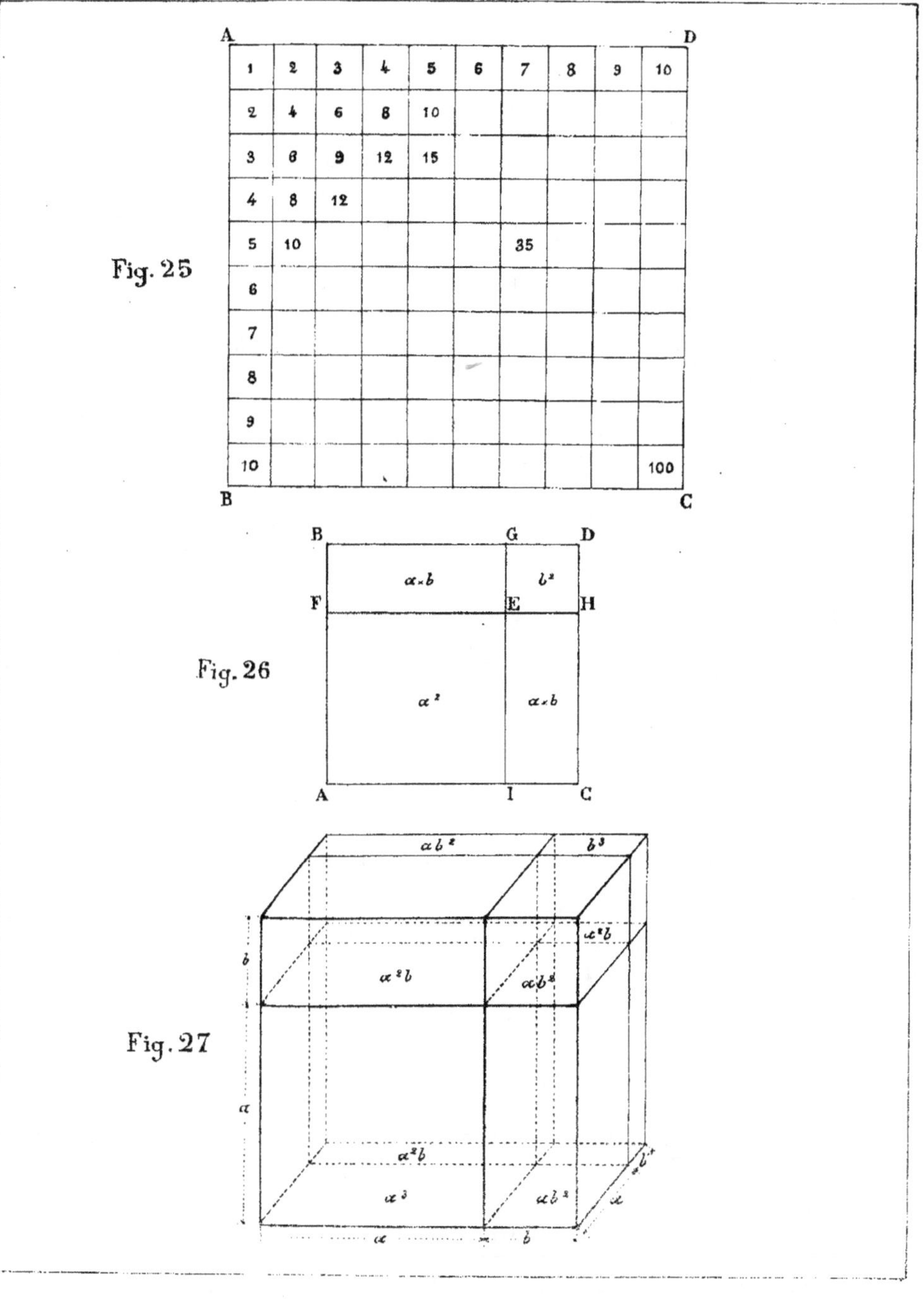
Fig. 25
A
D
B
C
1 2 3 4 5 6 7 8 9 10
2 4 6 8 10
3 6 9 12 15
4 8 12
5 10 35
6
7
8
9
10 100
Fig. 26
B G D
F E H
A I C
$a \times b$
b^2
a^2
$a \times b$
Fig. 27
ab^2
b^3
a^2b
a^2b
ab^2
a^2b
a^3
ab^2
b
a
a
b
a
b

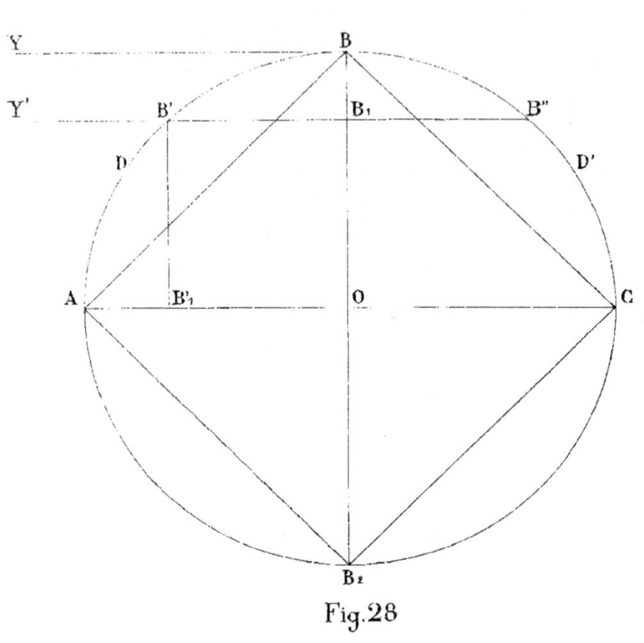

Fig.28

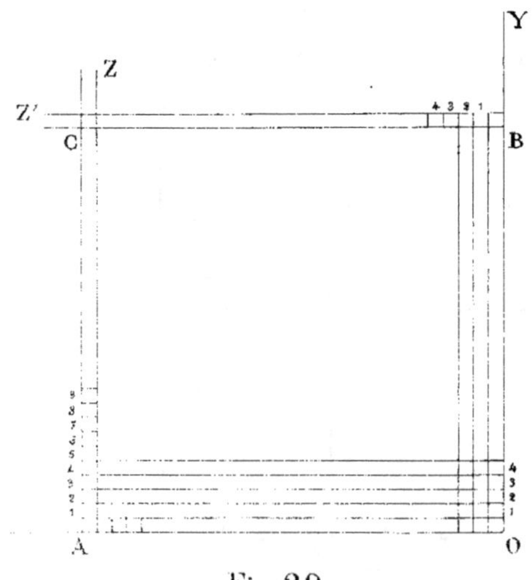

Fig. 29

C"
G
B"
C'
C
B
B'
E
F
A"
A
O
O'
A'
D
O"
D1
I
II
III
IV
V
VI
VII
VIII
IX
X
XI
XII
XIII
XIV

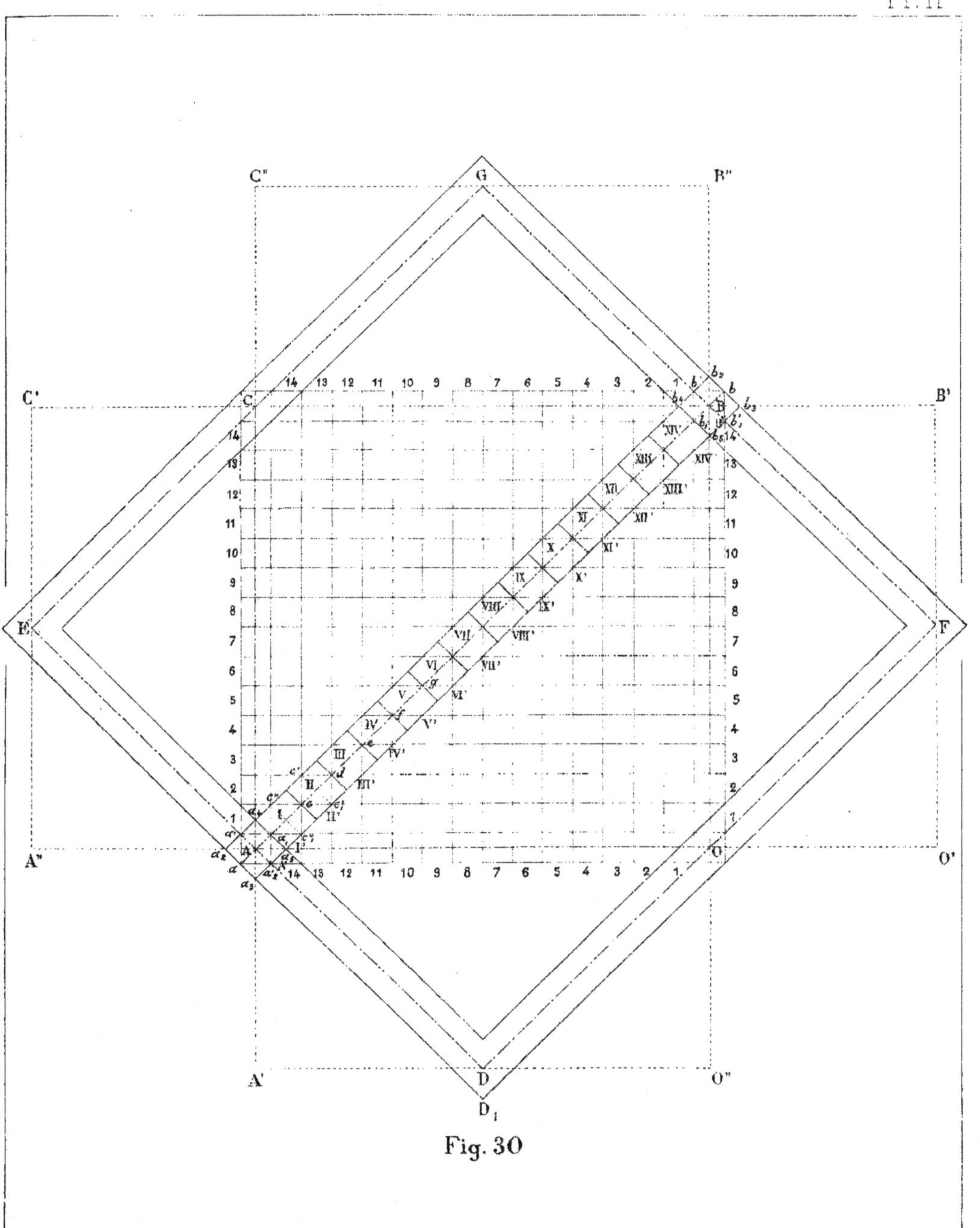

Fig. 30

Pl.12

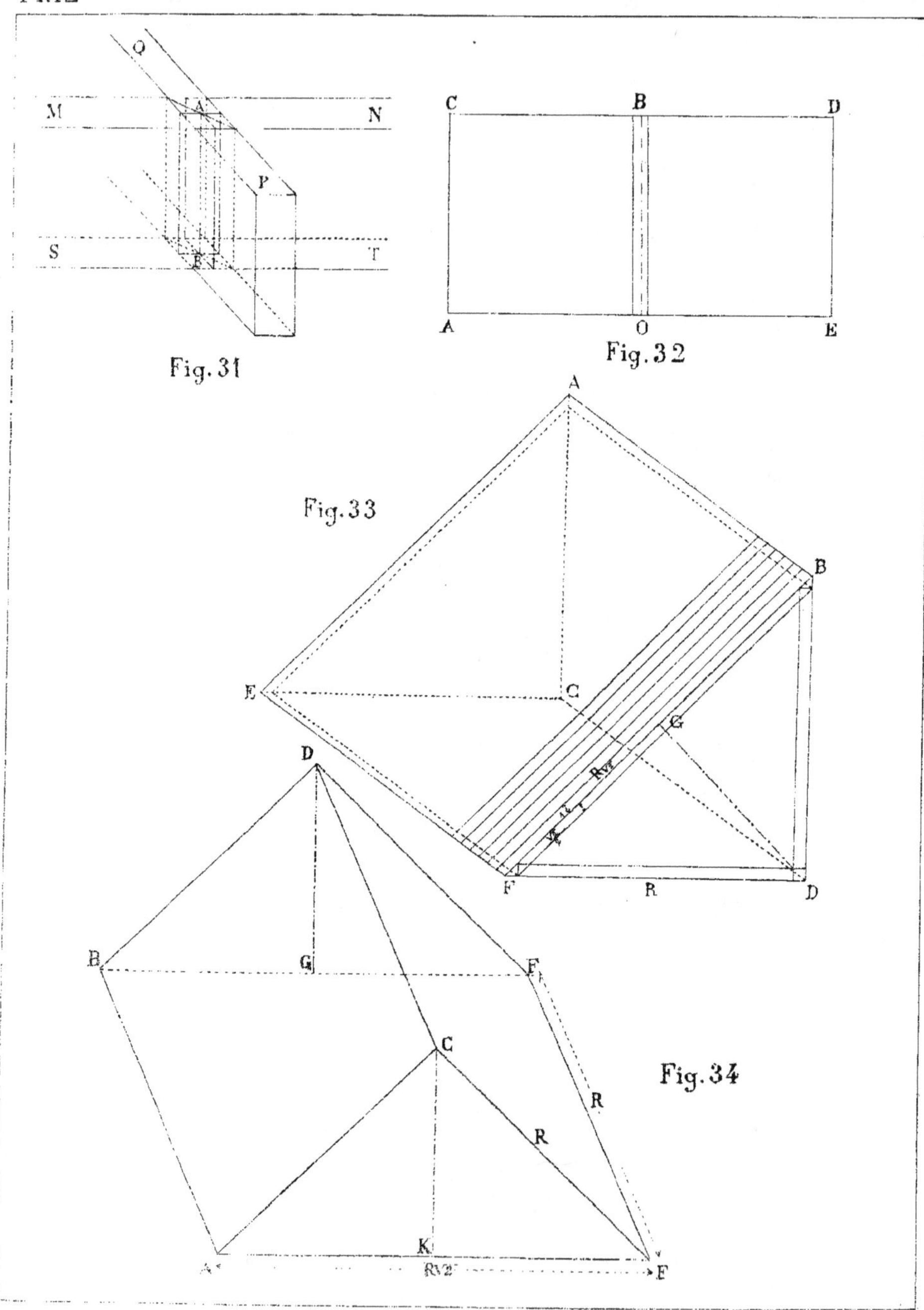

Fig. 31

Fig. 32

Fig. 33

Fig. 34

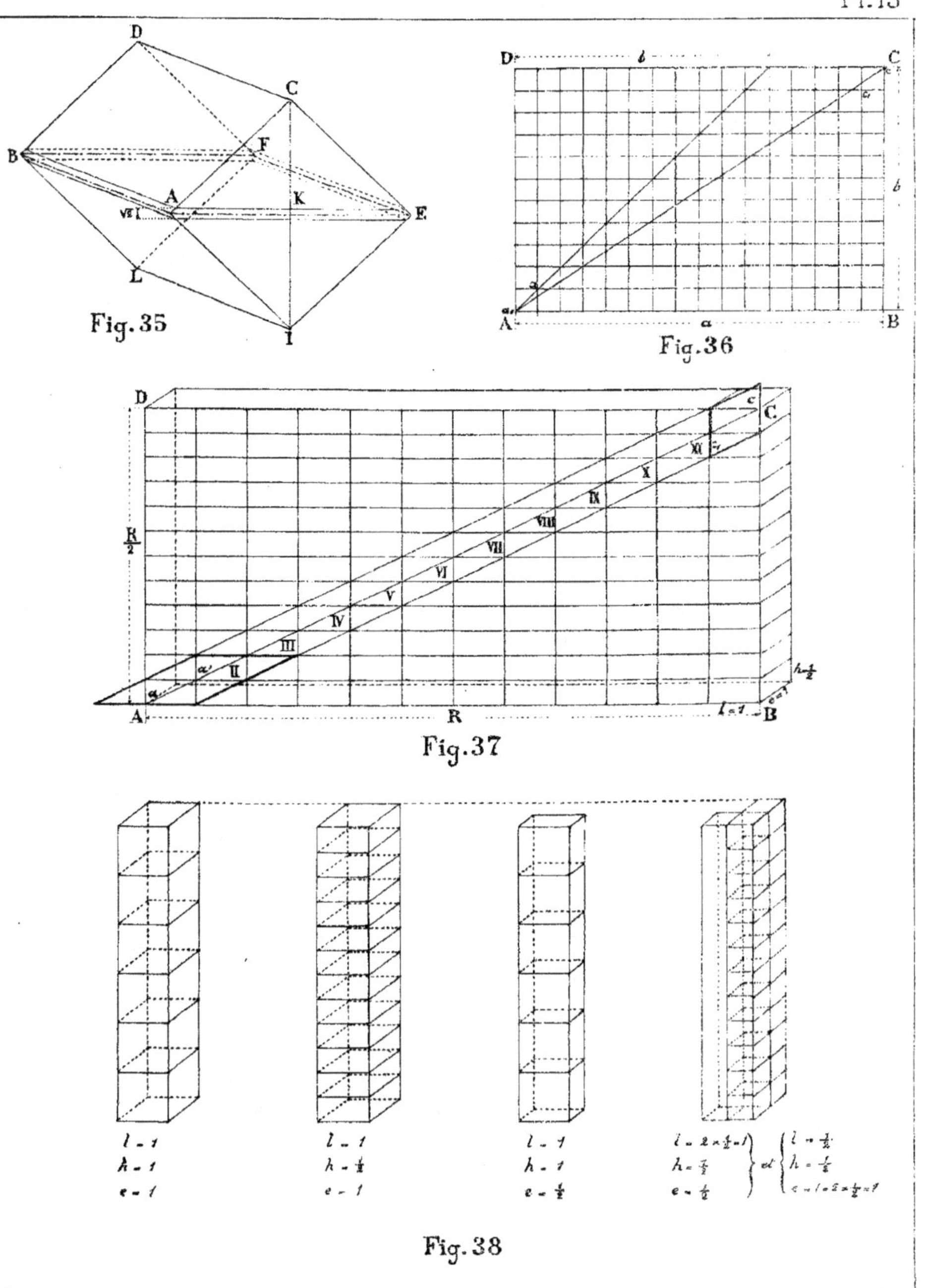

Fig. 35

Fig. 36

Fig. 37

Fig. 38

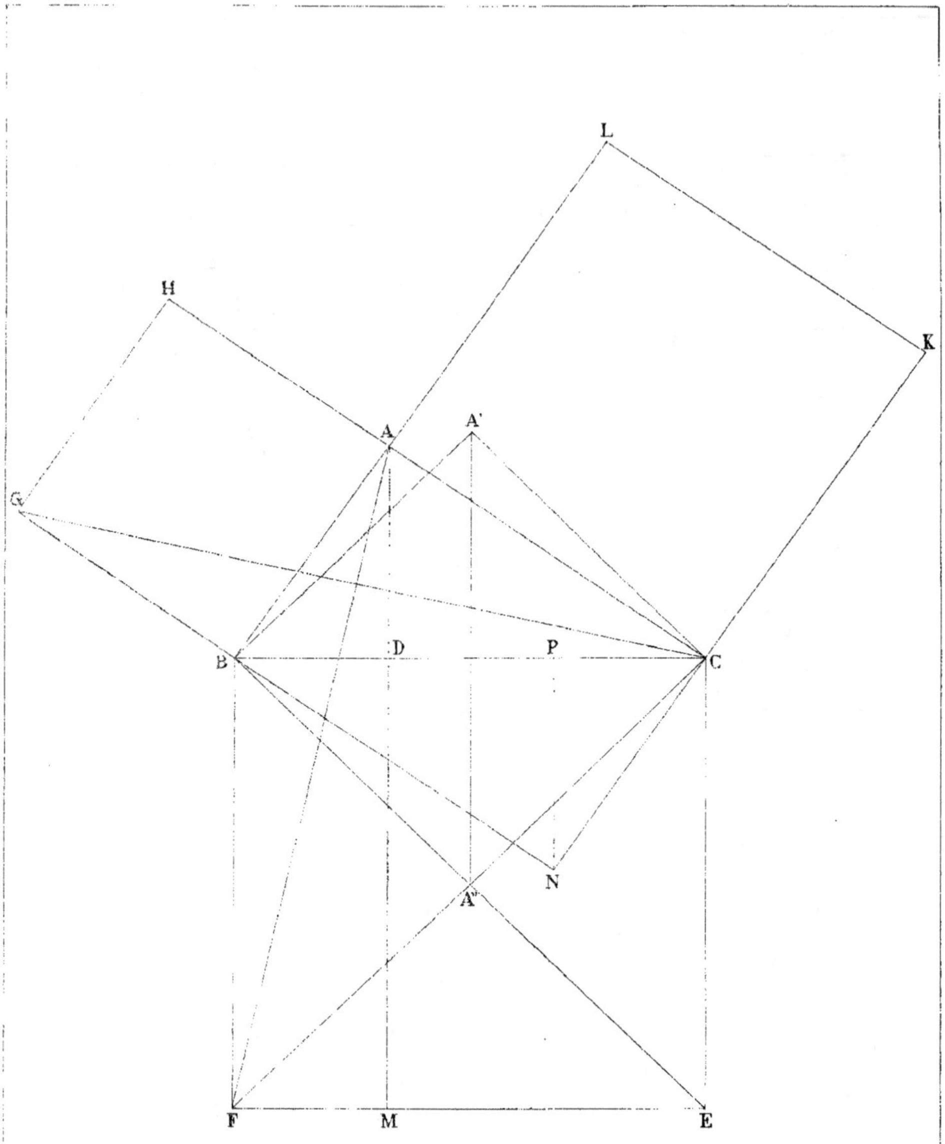

Fig. 39

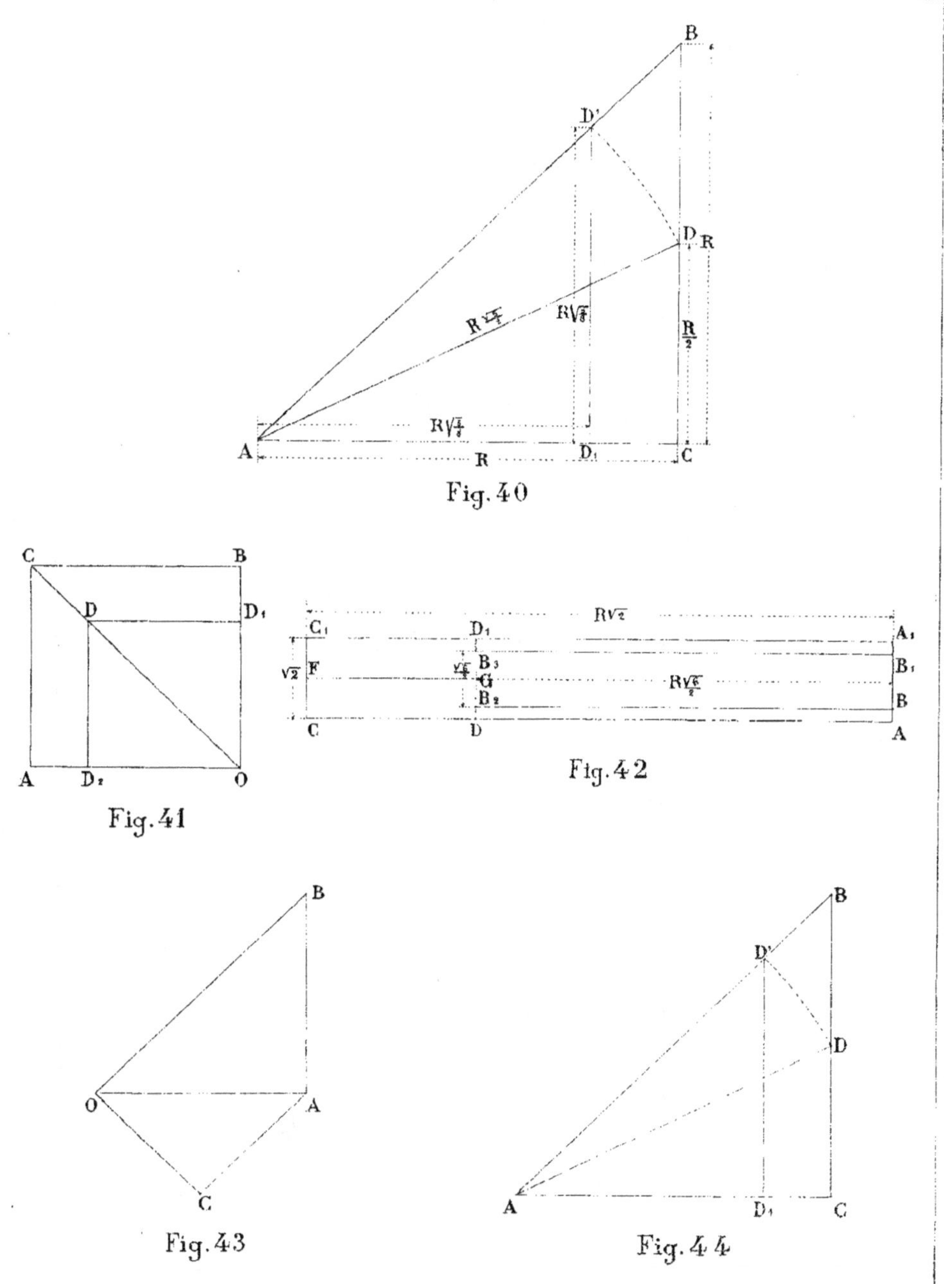

Fig. 40

Fig. 41

Fig. 42

Fig. 43

Fig. 44

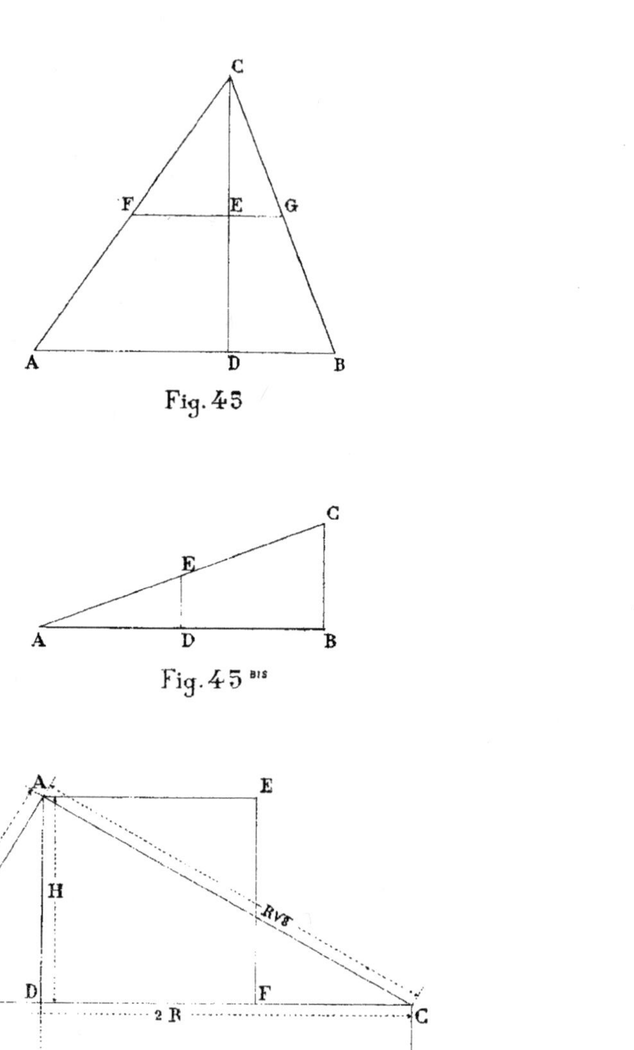

Fig. 45

Fig. 45 bis

Fig. 46

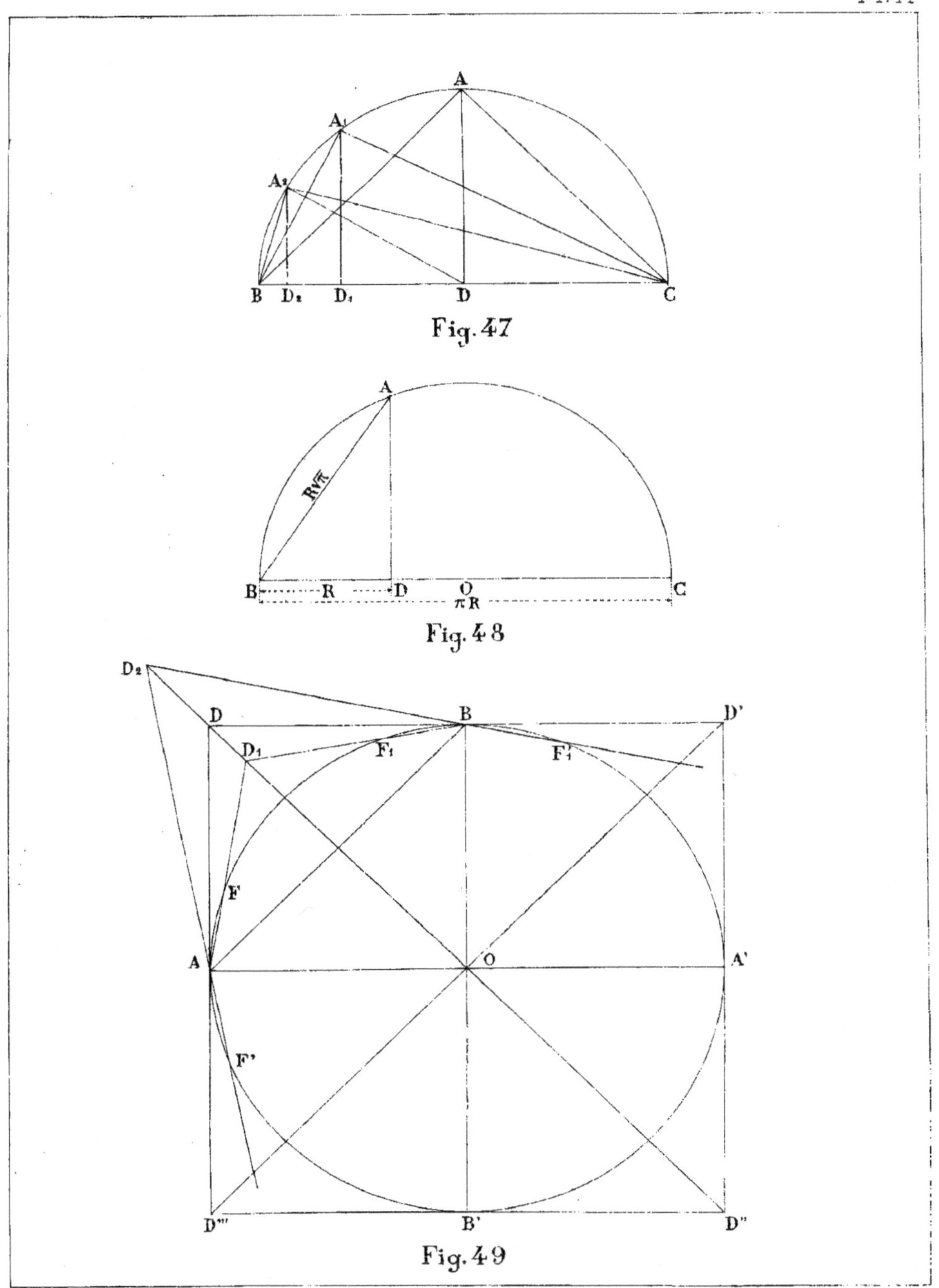

Fig. 47

Fig. 48

Fig. 49

Pl. 18

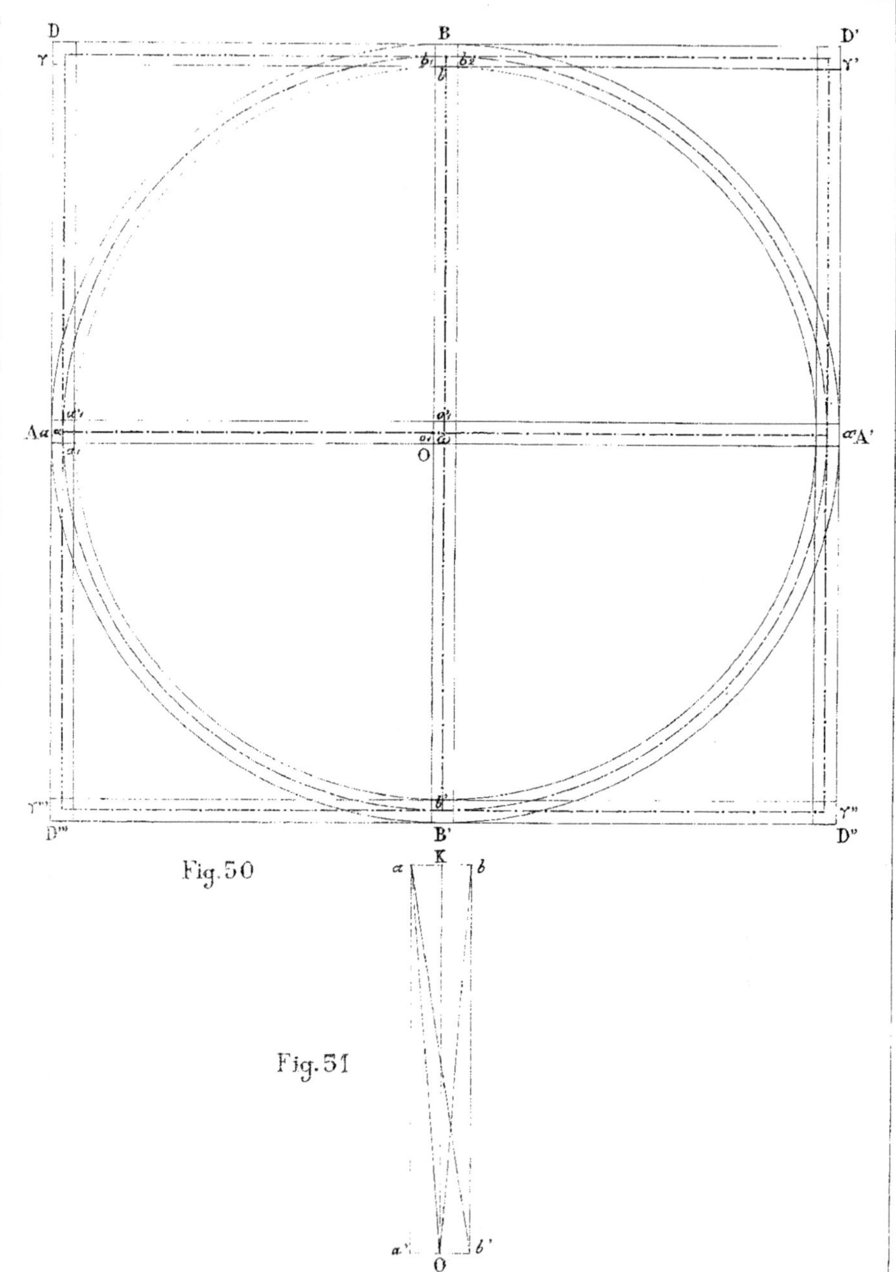

Fig. 50

Fig. 51

D
z
f
e
d
c
b
B
b_1
α
α_1
o_5
o_3
o_1
o
o'_1
o_4
O
o_2
Fig. 52

B
D
d
z
g
f
e
d
c
b_1
b
b_2
A
α
α_1
o_1
o
O
Fig. 53

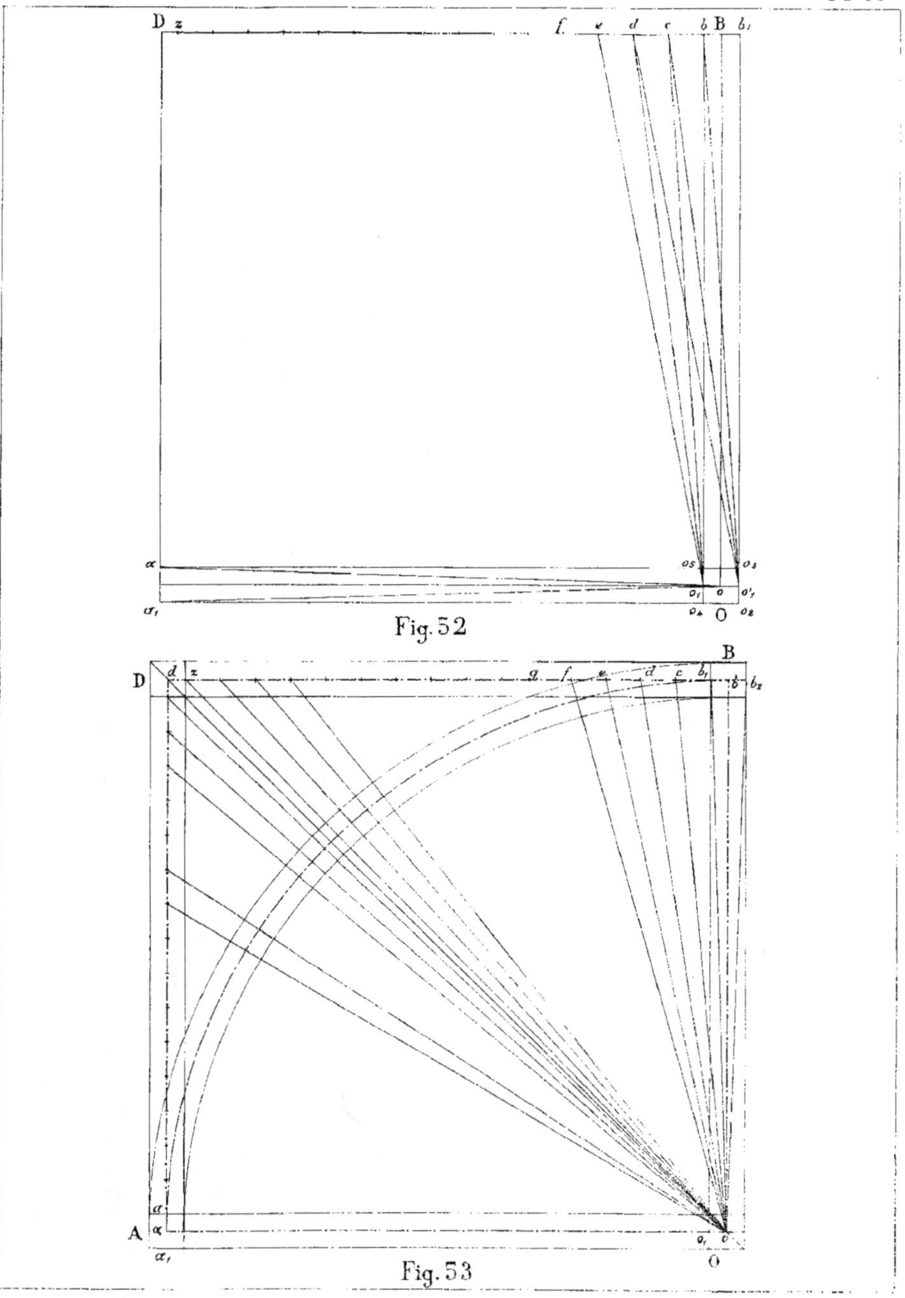

Pl. 20

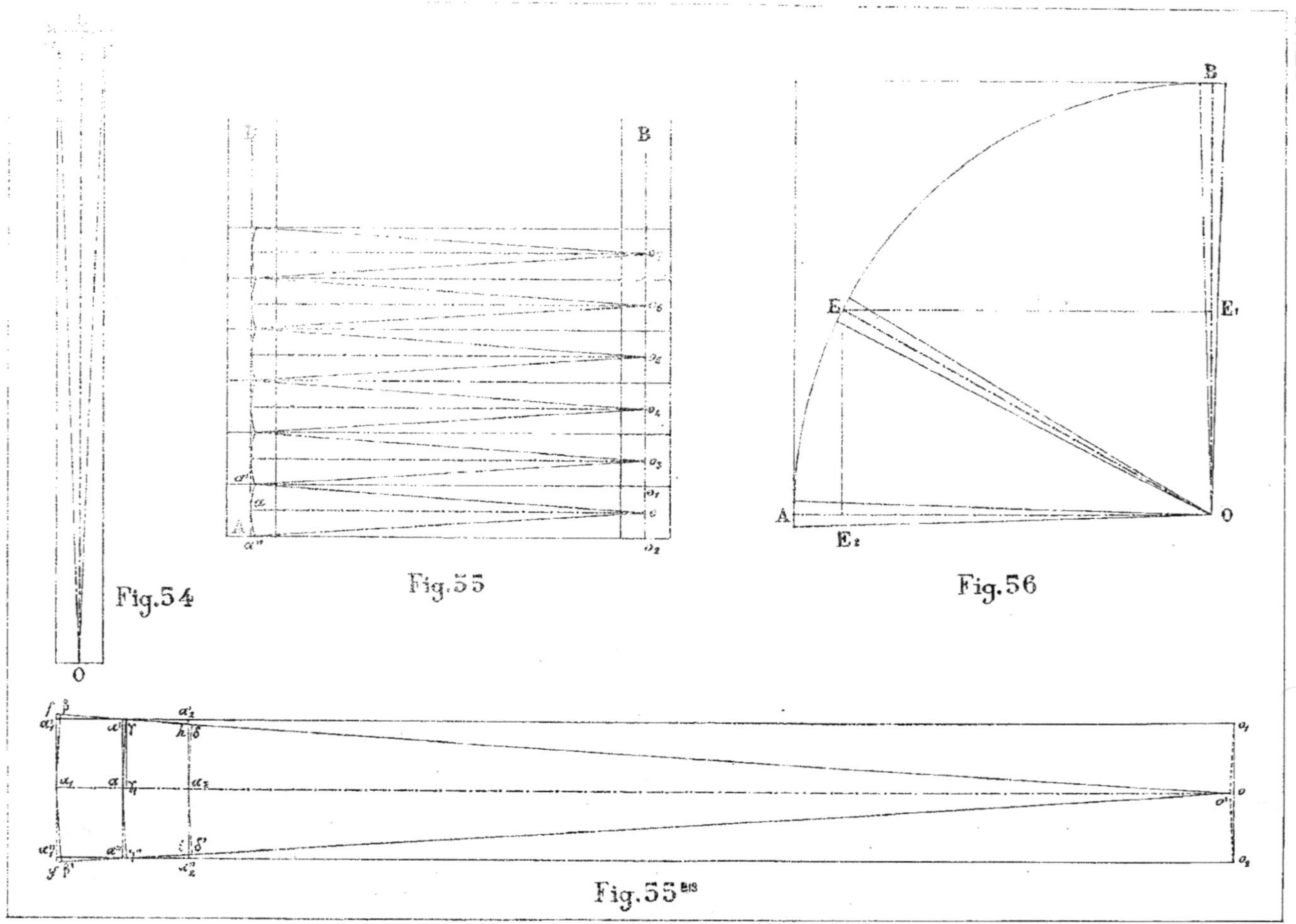

Fig. 54

Fig. 55

Fig. 56

Fig. 55 bis

Pl.21

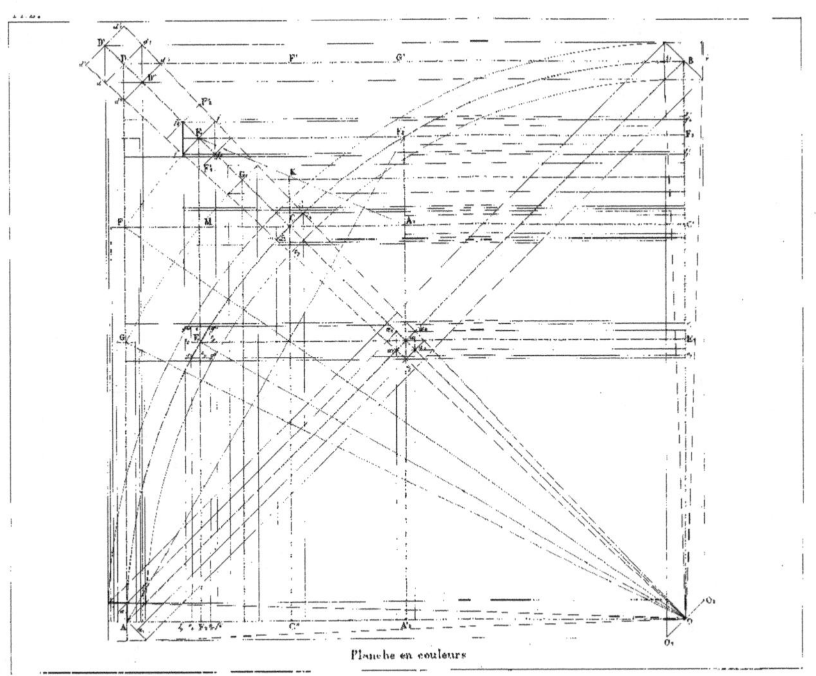

Planche en couleurs

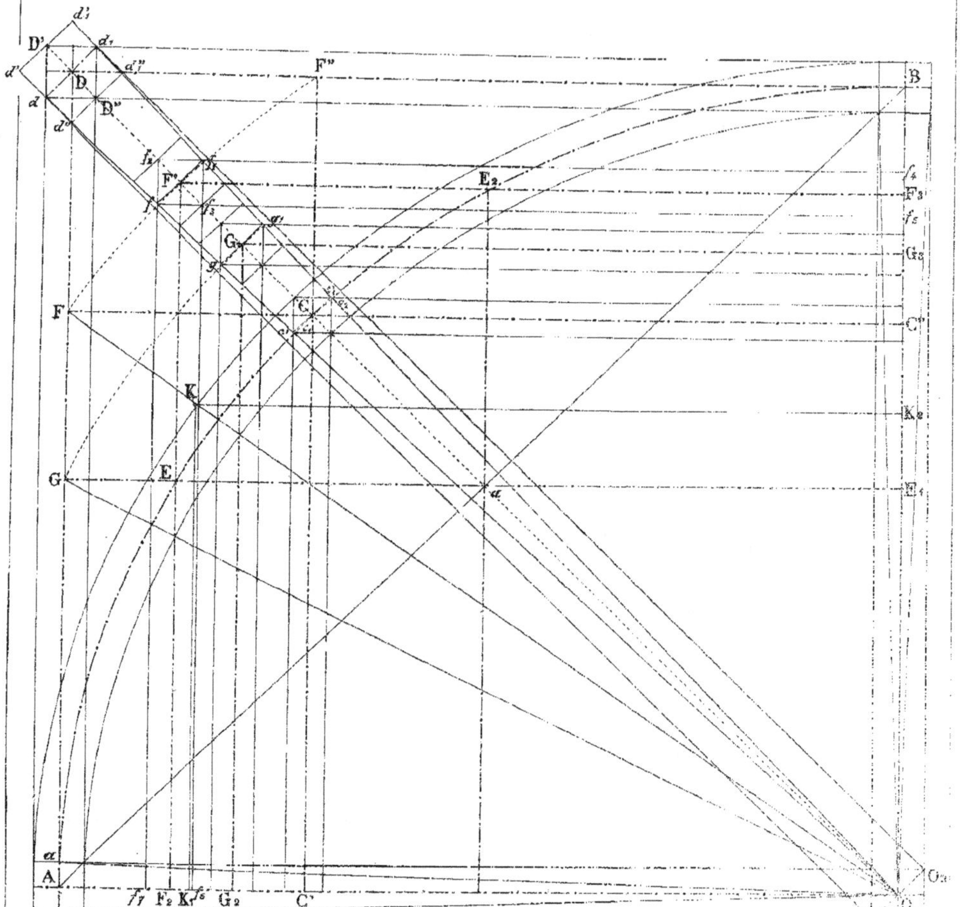

Fig. 57

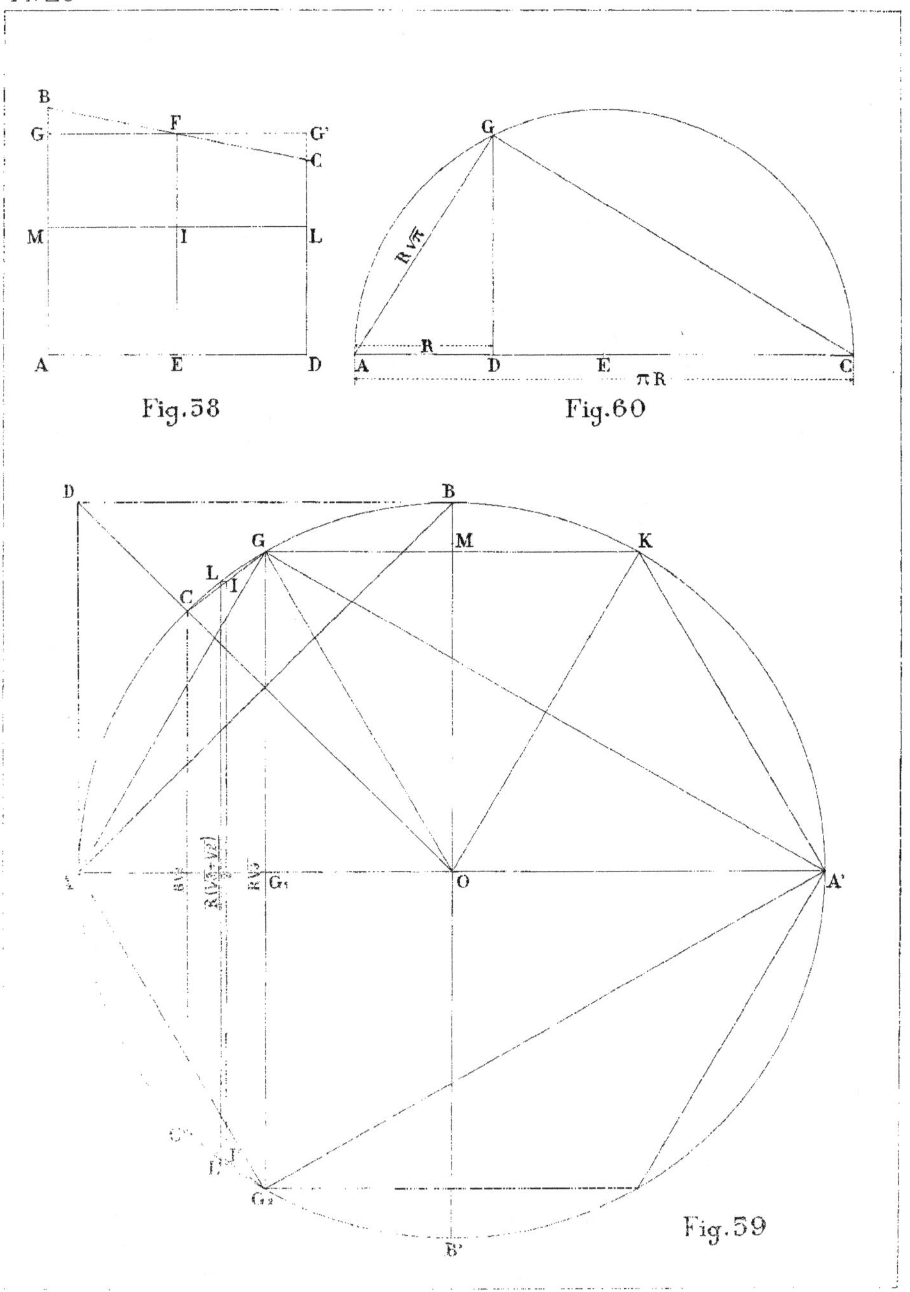

Fig. 58

Fig. 60

Fig. 59

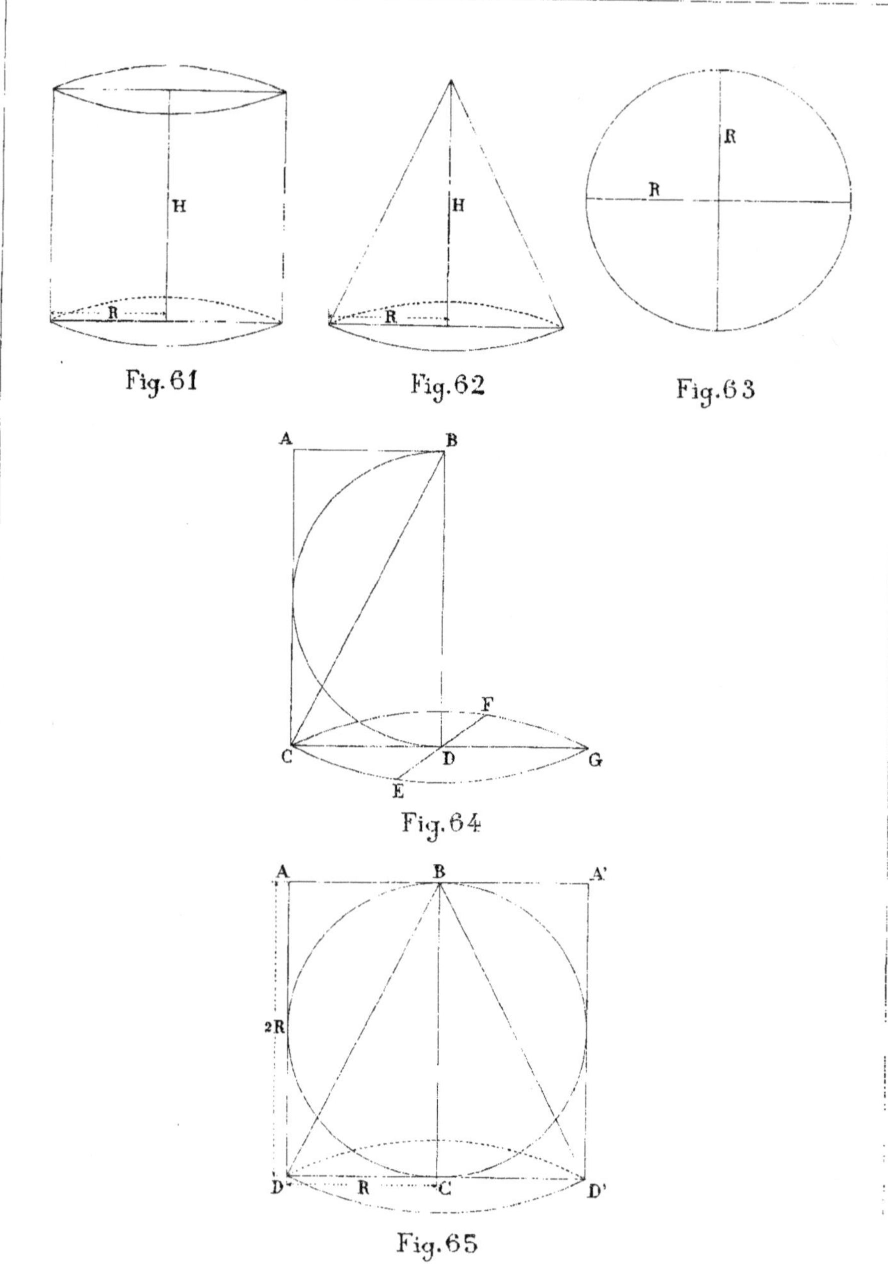

Fig. 61

Fig. 62

Fig. 63

Fig. 64

Fig. 65

Pl. 25

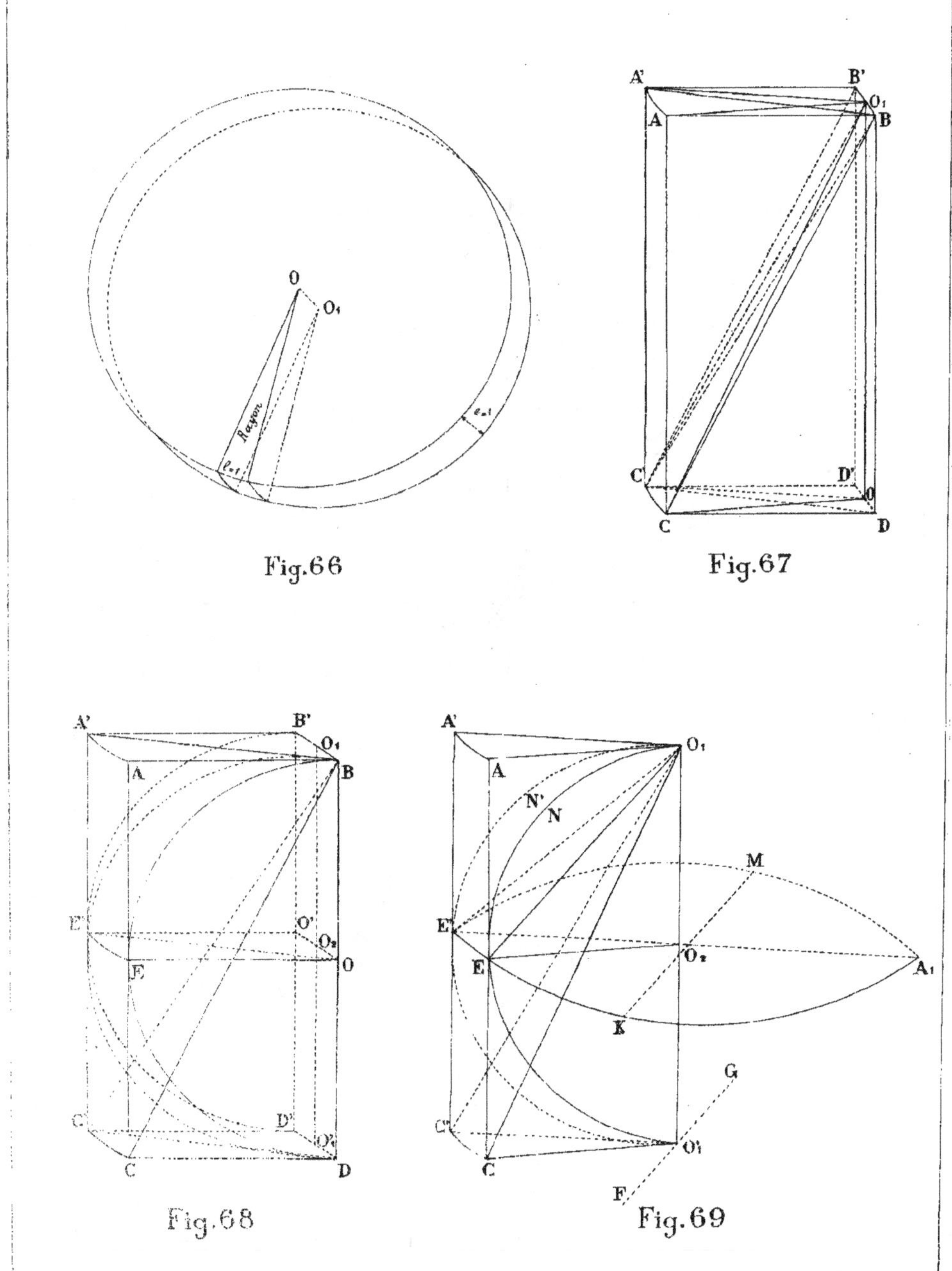

Fig. 66

Fig. 67

Fig. 68

Fig. 69

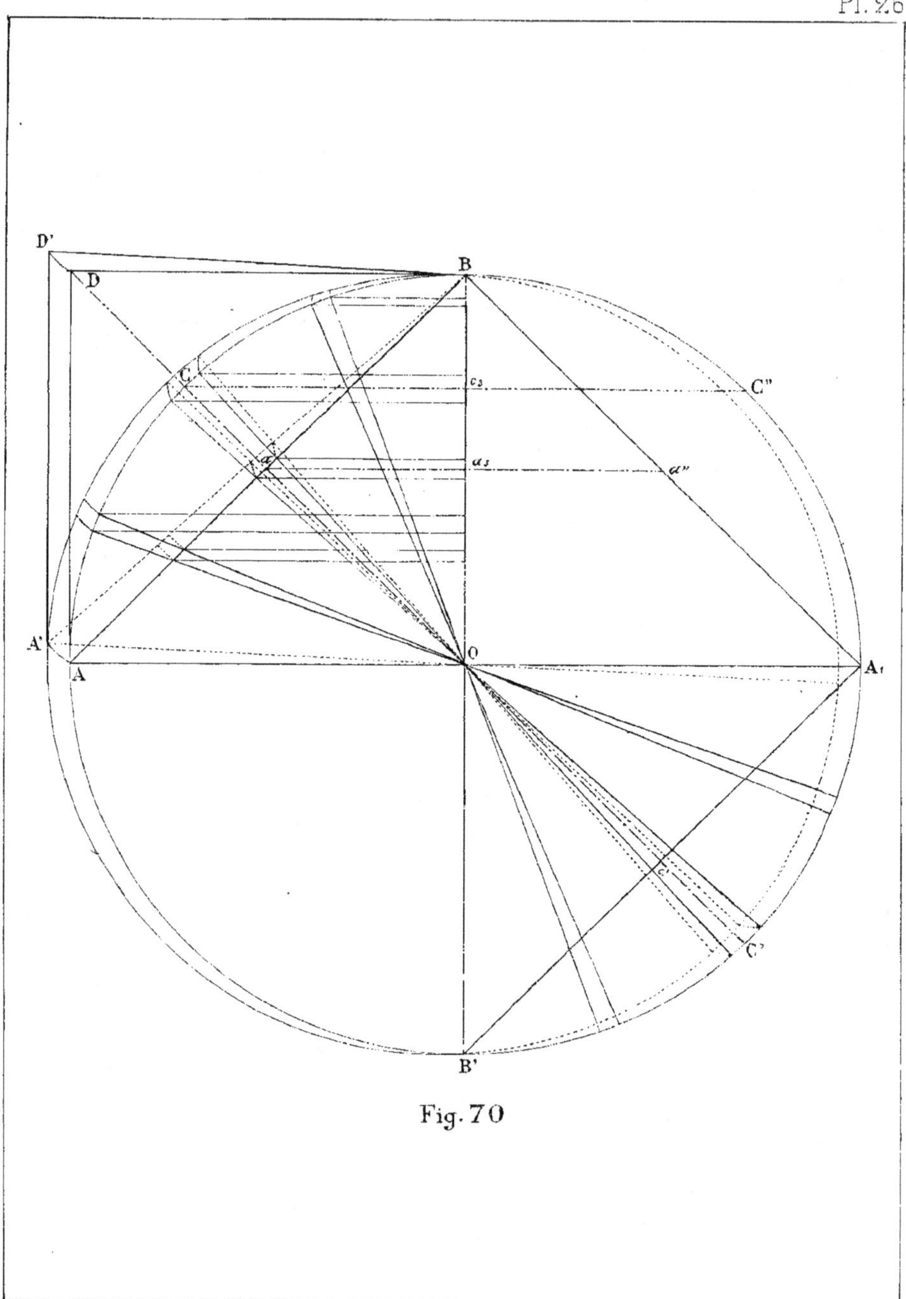

Fig. 70

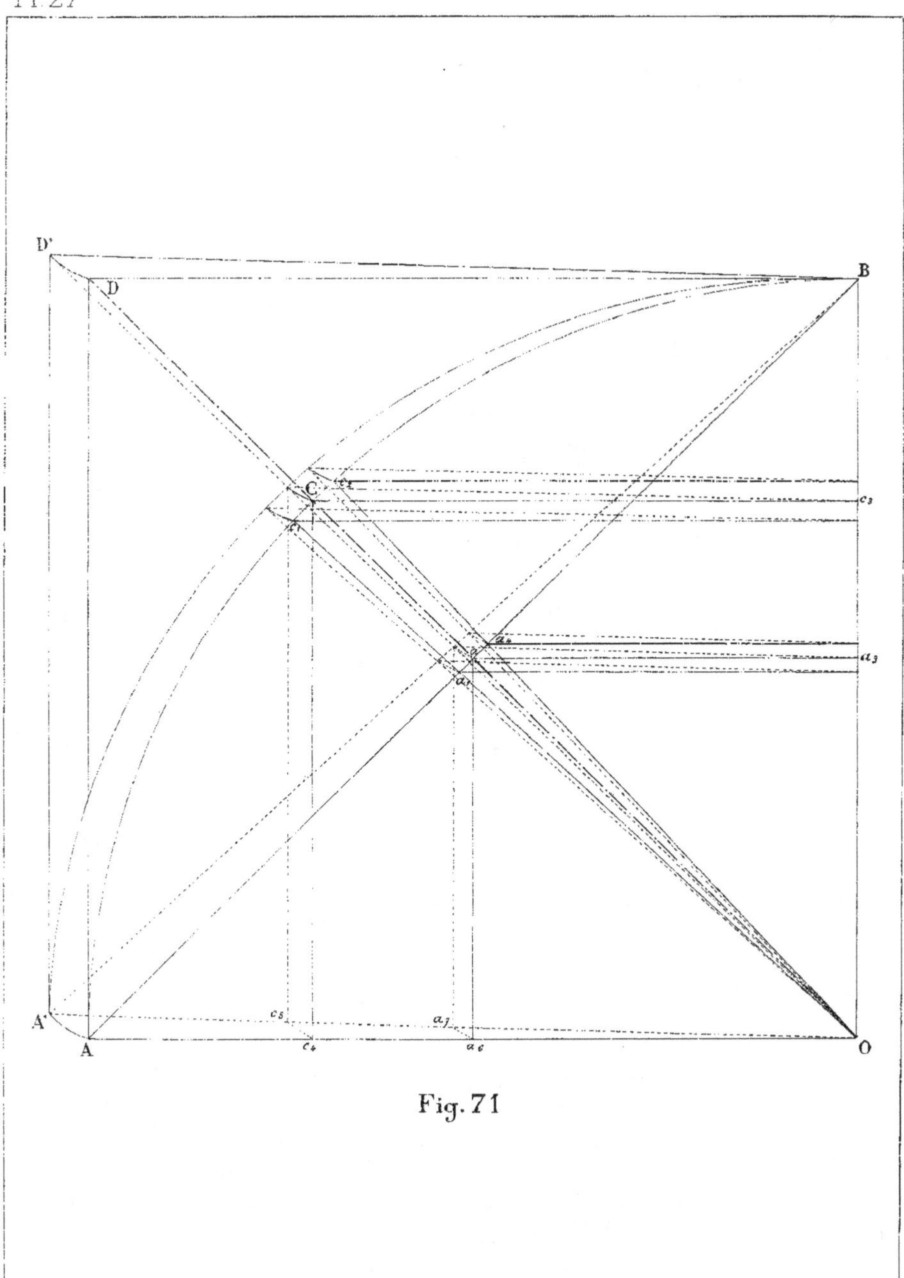

Fig. 71

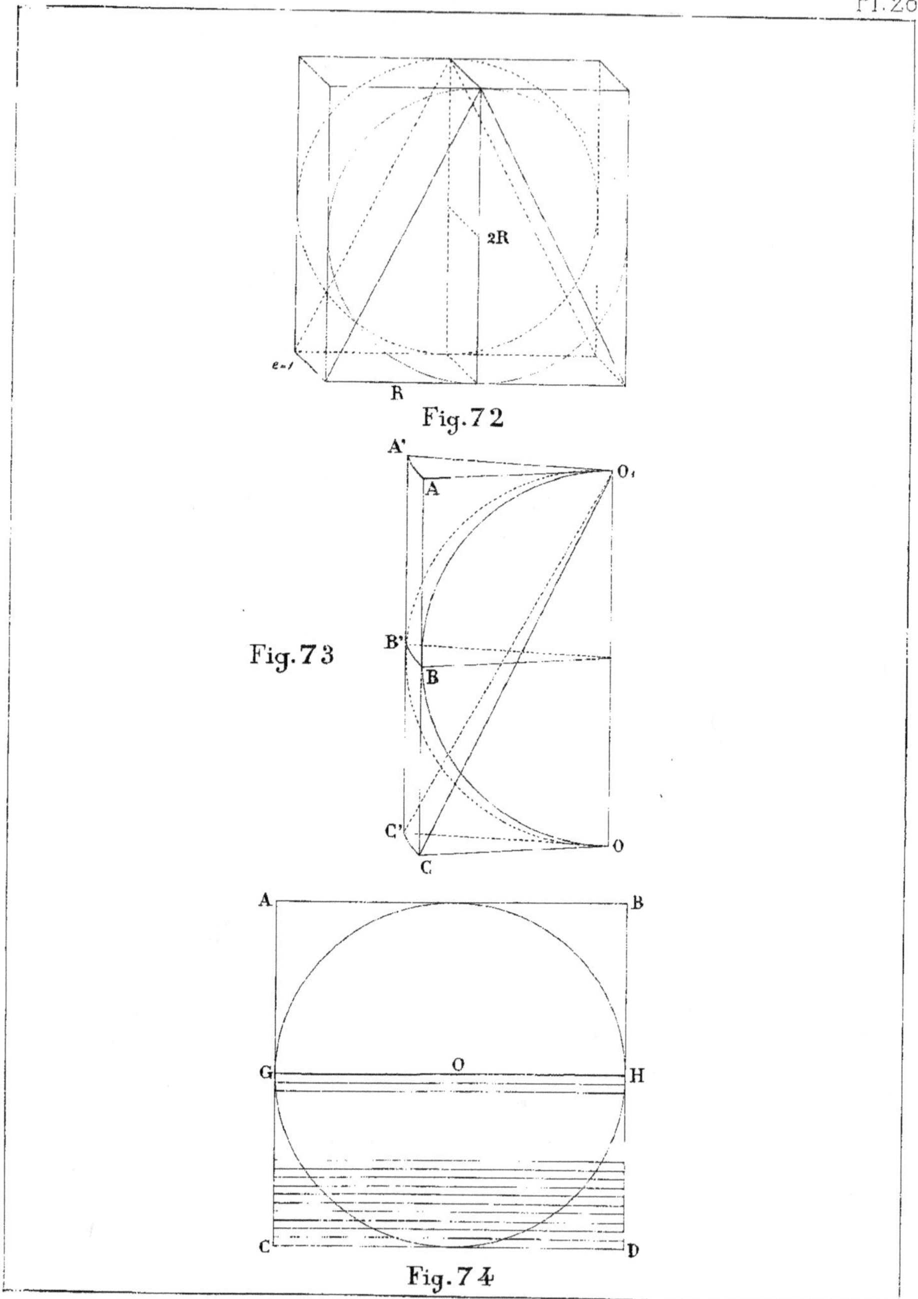

Fig. 72

Fig. 73

Fig. 74

Pl. 29

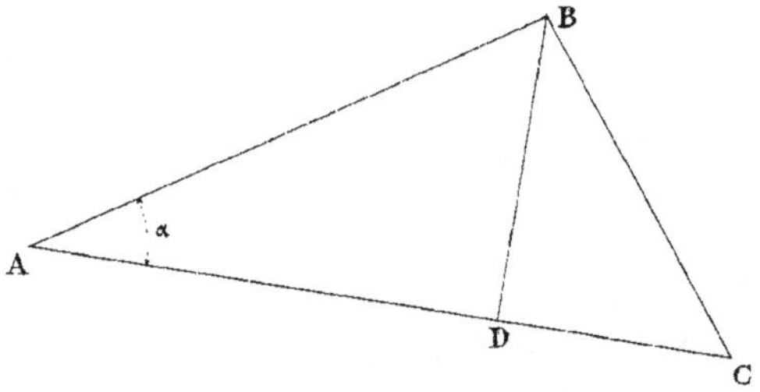

Fig. 75

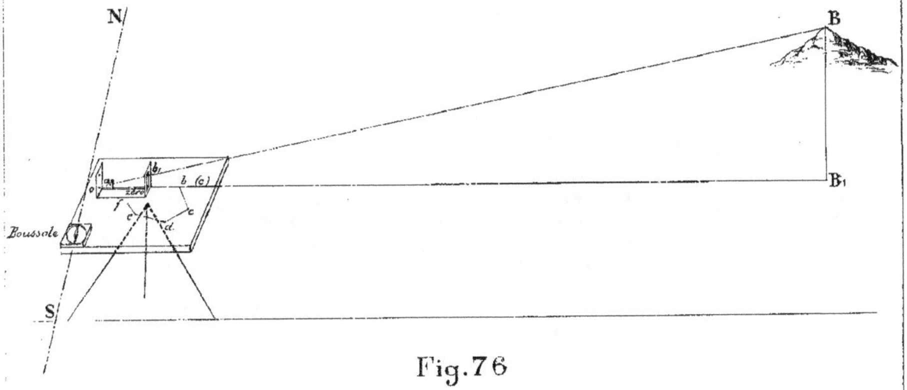

Fig. 76

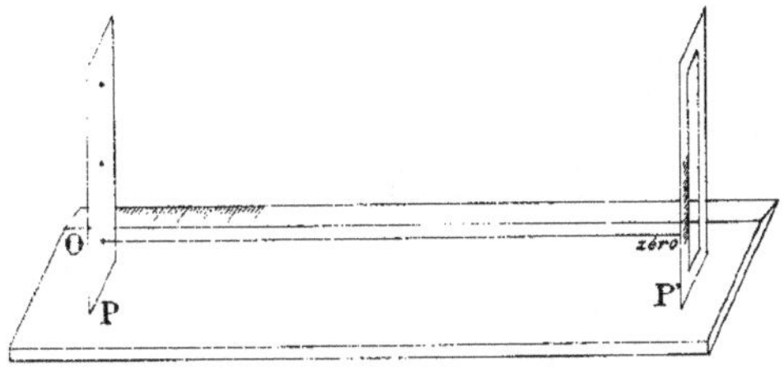

Fig. 77

ATLAS DE PLANCHES

ERRATA

Fig.	6	omission :	C' à la rencontre de BZ et DC.
»	7	d°	Tracer A'_1B_1.
»	47	d°	Tracer A_1D.
»	49	d°	C la rencontre de l'arc AB et de la diagonale AD.
»	52	d°	Marquer A entre a_1 et a sur direction a_1D.
»	55	d°	Marquer O pour désigner le point carré origine de oA.
»	57	d°	Marquer sur l'horizontale du point B, les points C et *b* comme dans « *planche en couleurs.* »

www.ingramcontent.com/pod-product-compliance
Lightning Source LLC
LaVergne TN
LVHW050503160826
845677LV00003B/912

9782329663685